韓系彩妝

韓劇女主角

林采恩 著 / 楊志雄 攝影

推薦序

給所有買這本書的讀者：

　　還記得第一次跟小蘋果合作，是拍報紙的名人時尚，那時我覺得小蘋果真的充滿了神秘感，因為她一直帶著口罩，我始終看不到她的真面目；一直到我跟我經紀人說，我下次還要找她幫我化妝，才看到她脫下口罩的樣子，雖然年紀輕輕，但動作跟一般厲害的化妝師一樣技巧很好，又求好心切。

　　想起來我出道也五、六年了，合作過的化妝師很多，但我很喜歡小蘋果她化妝的順序和手法，一般化妝師習慣先打底，再畫眼妝，偏偏我的眼睛超級會脫妝，每次等到整個妝完成，我的眼睛的妝都暈到底妝上了，底看起來就會髒髒的；但小蘋果很不一樣，她的習慣就是先畫眼睛，手法很熟練很溫柔，而且真的極度的細心，我喜歡通告前兩三個小時就先請她來幫我畫，因為我們這樣就可以慢慢的，一步驟一步驟把妝畫的很完美，很滿意！

　　其實聽到小蘋果她要出化妝書我很開心，年紀輕輕就能對自己化妝的技巧有自己的想法和堅持，很榮幸能幫她推薦這本書，她讓很多人對自己更有自信。
　　恭喜小蘋果又離自己的夢想更靠近了一步，從妳身上讓我看到了妳的努力和謙虛，祝福

書籍大賣
美夢成真

藝人

推薦序

哇～期待小蘋果的書好久了耶！！

小蘋果真的很用心準備這次彩妝書的內容要來教大家化妝，大家快來學學！！！
還記得第一次給小蘋果化妝的時候，好喜歡小蘋果幫我畫的妝啊～～～～（撒花）
也記得我劈哩啪啦地跟她請教很多問題，小蘋果也很熱心熱情的教我很多小秘
訣。小蘋果對於化妝很有自己的想法跟技巧，被化完的自己好像被小蘋果施了魔
法一樣，多了更多的自信呢！（哈哈）

因為工作的關係，常常也會接觸到彩妝師幫我化妝，小蘋果真的是彩妝師裡很用
心的一位，從妝前打底到完妝，每個小細節都很仔細與用心，能感受到她真的有
下功夫。
很喜歡跟小蘋果學很多妝前保養與化妝技巧，自己化妝的時候才發現真的比較不
容易脫妝，也知道怎麼畫出最適合自己的妝，聽到小蘋果要出書，真的超開心！

小蘋果分享自己的化妝技巧，大家一定能在這方面更入手唷！

很開心能幫小蘋果寫推薦序，真的很榮幸啊～～～～
一起跟著小蘋果把自己變得更美更有自信吧！

人氣模特兒　　蔣蔣

推薦序

認識采恩是在幾年前，我們是看著彼此成長進步，看到她一步一步努力的往前走真的很替她開心，身為她的好友我覺得備感榮幸和驕傲。

她是一個很認真上進的女生，跟她合作過很多次，她總是很能知道我想要的，總是可以在幫我妝髮之餘還保留我獨有的樣子，讓人梳化妝髮最怕就是和大家都一樣，雖然跟上了流行卻沒有自己，與采恩的合作到後來我們甚至不用言語，靠的是一種默契，讓她做造型是一種享受。

人氣模特兒

千呼萬喚使出來，終於等到小蘋果的彩妝書了！！！

從我第一眼看到小蘋果化的韓國妞妝容後，就深深愛上，還逼她把獨門絕技傳授給我～

沒想到現在把所有的步驟跟技巧整理成一本工具書，
裡頭詳細的內容比當面解說的還清楚呢。

更令人驚呼的還有素人大改造的部分，只要文章一更新，一定是我鎖定的必看內容，連我身邊的姐妹都吵著要去報名（笑）～

小蘋果就是這樣一個認真又無私可愛的女孩，願意把所有她懂的一切都跟大家分享，這本嘔心瀝血的作品絕對值得期待與收藏，
超級推薦給各位追求美麗的女孩喔：）

部落客

漢娜

推薦序

之前給小蘋果畫過妝，她的妝很自然，底妝非常透亮，一直很想請她教我化底妝的方法。

沒想到她那麼忙錄的彩妝造型師的生活，居然還寫出了這本書，真是太佩服她了！ 收到書後就趕緊來偷學好多小步驟，小蘋果的妝容就算是淡妝也能看得出妝容的差異性，裡面非常多實用的小技巧，是一本初學者也看得懂的彩妝書。

部落客

推薦序

遲遲等待小蘋果老師的彩妝書終於出來了，
這次真的是手殘女孩必備的教學，偷偷看過彩妝書的內容，非常的實用。
從基本的按摩手法，遮瑕膏的選擇，粉底的保濕打底技巧，
全部都可以在這本彩妝書裡面得到，我自己看完都上了一課呢！

女孩不一定要上濃妝，但是必備的基本彩妝教要有概念，
這樣畫出來的妝容才可以適合自己需要的場所，
能夠畫出讓大家看不出來的心機彩妝更是可以偷偷蒐藏的偏方。

對彩妝一直都很有熱誠的小蘋果，
在姊妹還有讀者的催促之下終於誕生了這本好看的彩妝書，
為了寫這本工具書的序，我還完整的把書本看了兩次！！檢查她有沒有偷懶呢！

裡面不只有基本上手的底妝必備的好文教學，
還有進階的韓式彩妝，派對彩妝可以學習，
更有彩妝師特別保養的小偏方喔！
立刻翻到下一頁繼續學習變成更美的自己吧！

部落客 *Gina*

推薦序

恭喜我親愛的采恩終於出了人生的第一本書了！！！
而且還是一本對女孩子們來說都很實用的彩妝工具書。
努力的她終於能被大家看見，不知為何我也覺得好開心又好興奮呢（大笑）！！！

每次給小蘋果化妝都是件開心的事，細心的她總會聽進我們的意見，甚至有彩妝的問題也會偷偷丟給她，每次都能得到滿意的成果。

因為工作認識了對方，後來越來越熟，甚至還成了好朋友，原因不只是因為她對工作的用心與熱忱，也因為她就是一個這麼真，這麼可愛的人，你們說誰能不愛她呢？

相信買這本書妳們不會後悔的，肯定能從書中感受到小蘋果對彩妝的用心與愛。

采恩加油，我愛妳，相信妳也一樣愛我，和大家。

獻上滿滿愛的

人氣模特兒

朱綺綺

小蘋果——自序

從前是一個不喜歡唸書，也不喜歡看電視，不看漫畫書的女孩。放學回家唯一的興趣就是坐在鏡子前開始編頭髮，然後研究自己的單眼皮該如何使用雙眼皮貼把眼睛加大，也常常拜託姐姐讓我化妝，綁頭髮……。直到國中要念高中時，媽媽說：「妳這麼愛漂亮就去念美容美髮科吧」，因為這樣子我開始真正學習「美」。

就學時期很努力的準備美容丙級、美髮丙級與美容乙級的執照，考試過程真的很艱難，但這些得來不易的執照都是對自我的肯定，也更明確知道未來的方向。

學習任何一件事情都不是件容易的事，其實我也是，但我就靠著一股朝著夢想的熱情一直努力與堅持著。我最常告訴想學習彩妝的朋友說，化妝並不難，你畫一次不會，畫兩次不會，只要不段練習，練習個一百次一定會成功的！希望跟我一樣有夢想的人，我們一起加油！我想謝謝這一路上陪伴我走過來的親人、朋友，以及幫助過我的人，更重要的是這些喜歡我的人。謝謝你們，我愛你們！

在此特別感謝好友們的鼎力相助
Model：Amber、蔣蔣、艾莉、Ring、Ivy、Ann、Anna
髮型師： Jiwngo(Eros)、Hedy(小蘋果造型工作室)
服飾提供：Gatto、her her
拍攝場地：Gatto(台北市大安區敦化南路一段 160 巷 16 號)

林采恩

目錄 Content

Apple's stytle

Chapter.1

美麗妝容
從基礎開始

基本使用工具

◆ 修眉工具

剪刀：修剪眉毛長度的剪刀，初學者可以使用前面有點弧度的安全剪刀，較易上手。

修眉刀：修整眉型，修好的眉型會比用眉毛夾拔的眉型更漂亮、自然。

螺旋梳：梳順眉毛，毛刷質地柔軟。

◆ 睫毛夾

睫毛夾：夾翹大範圍的真睫毛與假睫毛。

短睫毛夾：適用於眼頭或眼尾範圍較窄的夾睫毛器具。

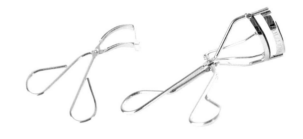

◆ 鋼梳

梳整已刷上睫毛膏的睫毛，比起塑膠材質的梳子，較易梳理結塊的睫毛。

蜜粉刷

可以大範圍刷走臉上多餘的蜜粉，
使臉頰上的蜜粉更加服貼。

腮紅／蜜粉兩用刷

除了可以完整刷出服貼底妝外，
還可以當腮紅刷使用。

◆ 修容刷

斜口設計可服貼在臉上的每個角度，
用來修飾臉部再適合不過。

◆ 粉底刷

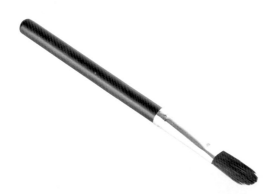

纖維毛材質，刷毛以梯型排列，扁平有彈性，可刷出均勻完美的底妝。

◆ 眼影刷

1.2 號扁型眼影刷：使用於打眼窩時。

3.4.5 號短毛眼影刷：可以局部加深邃或拉長眼尾使用。

6.7 號圓形眼影刷：通常適合暈染時使用。

◇ 眼線筆

使用時可仔細的填滿睫毛根部的空隙。

◇ 眼線刷

眼線刷沾取眼線膠後，可畫出明顯自然的眼線，加強眼妝。

◆ 唇刷

美化唇部所使用的刷具，使塗唇膏時較均勻。

小蘋果愛用凹凸妝品小物

◆ Miss Bowbow
隱形雙眼皮貼

網狀的設計宛如真正的雙眼皮摺痕一般，完全看不出痕跡，是使女孩們眼睛變大、擁有完美雙眼皮的秘密武器！

◆ KOSE 高絲
絢染頰彩棒 (PK800)

貼膚感很好，顏色很美，可以創造出自然生成的紅潤感。

◆ 艾杜紗
護唇膏

這款含有防曬係數的護唇膏，滋潤度很好！一般怕上唇膏時會有很深的唇紋，因此我都會使用這款作為打底用。

laura Mercier
亮眼遮瑕霜 (#1)

這款是為黑眼圈、眼袋、眼周色素沉澱的女孩們所設計的潤澤遮瑕膏,通常會與粉底液混合使用。

韓國 3CE
HIGHLIGHT BEAM 高光液

若想要擁有像韓國女星般的光澤感皮膚就靠它了,身體和臉部都可使用。

moives
眼影底膏

除了可以讓眼影更顯色之外,還可以改善眼皮顏色,提亮整個眼周外圍。

TESCOM
燙睫器

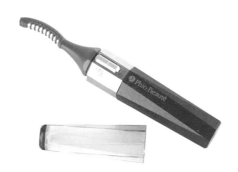

它有兩種刷頭一體成形，上下睫毛都能燙，設計非常貼心，燙完後可以讓真假睫毛變得捲翹，是心機電眼妝必備小物。

CLIO
魅黑防水眼線液筆

這款眼線液筆不僅夠黑且抗暈染，卸妝時也可以卸得很乾淨。

YSL
口紅 (#07-Lingerie Pink)

這支口紅用來蓋唇色，效果極佳，如果喜歡嘴唇顏色是粉唇色，如冰淇淋女孩般妝感千萬不能錯過它。

◆ RMK
水凝柔光粉霜 (#101)

這款粉底液我已經用了好多瓶，化妝箱中一定會有它的存在。它的保濕力很好，任何膚質都適用。是不知道怎麼挑選粉底液的女孩們的最佳選擇。

◆ Urban Decay
NAKED 1

大地色系是現在最實用的顏色，只要有這一盤就能搞定日常的裸妝跟派對煙燻妝！

◆ laura Mercier
喚顏凝露（保濕型）

這支凝露可真是讓我愛不釋手，已經用了好多支。它可以當成妝前保濕乳使用，不會有油膩的黏感。

妝前臉部排毒按摩
「捏、按、壓」手技

模特兒—Amber

臉部按摩可促進血液循環、提高新陳代謝，以消除顏面神經的疲勞，使肌肉放鬆。
建議在妝前擦保養品時，可以將每個排毒按摩步驟重複 6 次，按摩過後，肌膚更
顯得光滑柔軟。

01

穴道消水腫

化妝水後使用保濕乳液在全臉
均勻塗抹，食指彎曲，大拇指
按壓太陽穴，消除臉部水腫。

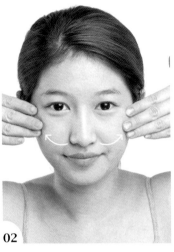

02

雙頰拉提

雙手平貼臉兩側，由鼻翼滑至
太陽穴，再順著顴骨的位置由
內往外按壓，拉提雙頰。

03

眼周細紋

順著鼻側上拉至下眼頭，由內
往外滑至下眼瞼，再至太陽
穴，平撫細紋。

04

皺眉紋

由鼻翼上方順著鼻側由下往上
拉，拉至竹穴，再稍稍往上拉
提，順著眉骨滑至太陽穴，撫
平紋路。

05

淋巴結舒緩

食指彎曲順著耳下，沿著肩膀
至兩側輕輕按壓肩膀肌肉，使
淋巴結達到舒緩的效果。

apple's useful advice

按摩時，可搭配「橄欖保濕精華
油」一起使用，橄欖中的營養成分
對乾燥的肌膚非常有益，可防止、
減緩肌膚老化速度。

亮麗自然的
眉型修整

Before

修整前，眉型過於雜亂，眉毛上
下周圍均有多餘的雜毛

眉型對於整體的妝容是非常重要的，過於雜亂的眉、眉毛周圍有多餘的雜毛、或粗細不一都會使妝容大大扣分，所以在開始化妝之前，就先讓自己修整出一對自然又亮麗的眉毛吧！

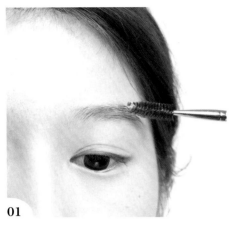

01

先用螺旋梳梳順原本雜亂的眉型，並找尋眉峰位置。

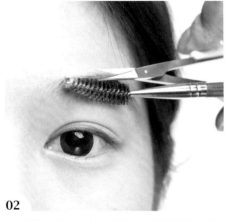

02

以螺旋梳往上梳，將長度較長的眉毛用剪刀修剪。

03

修眉刀以順向刮毛，修除眉毛下方多餘的雜毛。

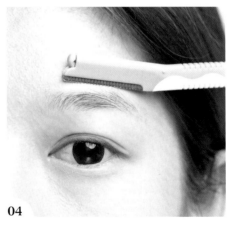

04

最後在眉忙上方，以由上往下輕刮的動作，修除雜毛，使其乾淨。

修眉使用的工具

A 修眉刀　　　　　**B 剪刀（安全剪刀）**　　　　　**C 螺旋梳**

創造明亮眼周
擊退黑眼圈

想要擊退惱人的黑眼圈，那麼化妝前的遮瑕步驟極為重要，不同顏色的遮瑕膏適合不同的熊貓眼女孩，現在讓我們隨著小蘋果畫出最完美的明亮眼周。

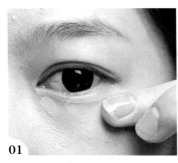

01

首先在眼睛下方三角區塊輕點上遮瑕膏，剛開始點上去的遮瑕膏不要過多、過厚，容易使眼睛周圍紋路太過於明顯。

02

做完第一層的修飾後，再一次檢視自己的黑眼圈部位，針對顏色較深的地方，使用遮瑕刷進行第二層的遮瑕。

TIPS

進行第二層的遮瑕時，可以選擇膏狀遮瑕力較好。

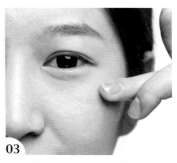

03

用指腹輕輕點開，可避免遮瑕刷留下的界線痕跡。

TIPS

若有痕跡再以指腹仔細點開即可。

04

最後可以選擇海棉輕彈遮瑕部位，避免卡粉。

05

以海綿撫平卡粉處，讓遮瑕部位粉感不會過重。

apple's useful advice

如果眼睛周圍皮膚較乾澀，但黑眼圈情況又嚴重者，一定要選用水分較多、較保溼薄透的遮瑕產品。後再使用遮瑕力較強的產品，兩者搭配使用，就不會造成眼睛周圍的肌膚負擔過重。

認識不同型態的遮瑕品

遮瑕品	用途
液態黃色系遮瑕膏	適合遮蓋偏咖啡色的黑眼圈。
液態橘色系遮瑕膏	適合遮蓋泛青色的黑眼圈。
固態遮瑕膏	水分較少，飽和度較高，故遮瑕力也較強，適合黑眼圈情況較嚴重者使用。
T字部位打亮用明彩筆	明彩筆的顏色很接近正常膚色，建議黑眼圈輕微者使用。

打造好臉色—
基礎底妝

以貼近膚色的底妝，呈現出既透明又輕薄的妝感，只要花費少許的化妝
時間就可以創造出自然顏的好氣色！

MAKE-UP ITEM

A 蜜粉 : SHU UEMURA 植村秀蜜粉透色 (輕薄型)
B 粉底液 : RMK 水凝柔光粉霜 #101
C 妝前 : 植村秀控色修飾乳 — 綠色
D 遮瑕膏 : RMK 立體遮瑕膏 #01R

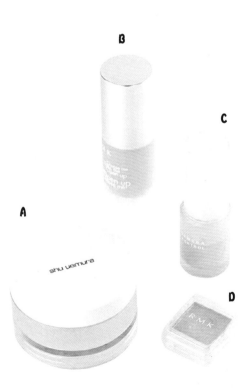

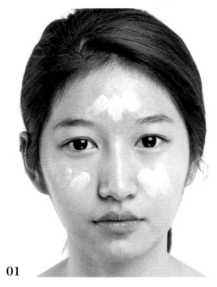

01

基礎保養後，在臉部泛紅處抹上綠色修飾乳，只需要在泛紅處使用，不需要塗抹全臉

02

在臉部點上適量的粉底液，額頭 3 次，臉頰一邊各一次，鼻頭與下巴也各點一次。

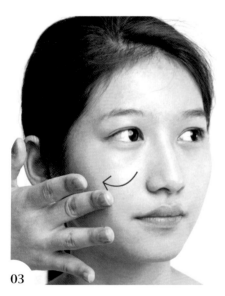

03

用指腹由內往外的方向推開。

04

使用指腹的溫度讓底妝更服貼於臉上。

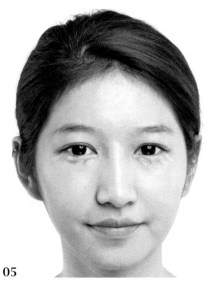

05

選擇接近粉底液或者比粉底液白一號
的顏色，作為眼周下方的遮瑕。
分 3 點點在眼周下方。

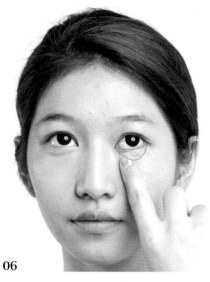

06

食指指腹輕推勻眼周下方的遮瑕膏，
推抹至眼尾處，使眼尾也遮瑕到。

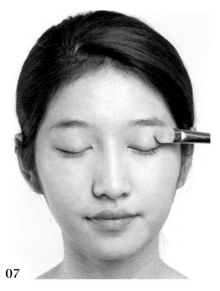

07

遮瑕完成後，在剛剛的局部遮瑕處，
以蜜粉刷輕壓上蜜粉。

08

最後全臉再用蜜粉刷刷上蜜粉定妝。

打造好臉色—
光澤底妝

水潤感的光澤底妝使妝容看起來更輕薄無瑕，呈現出晶瑩透光感的裸妝，
使五官輪廓更加立體。

MAKE-UP ITEM

A 隔離霜：laura mercier 飾色隔離霜（nude）
B 蜜粉：SHU UEMURA 植村秀蜜粉透色（輕薄型）
C 妝前乳：laura mercier 喚顏凝露（保濕型）
D 粉底液：YSL 聖羅蘭超模聚焦光感粉底液 #BR20
E 打亮：MAKE UP FOREVER — UP LIGHT
F 飾底乳：MAKE UP FOREVER — 珠光飾底乳

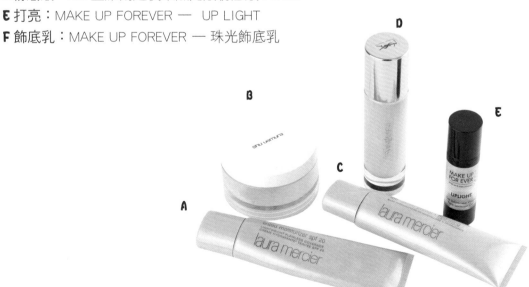

01

在基礎保養後，塗抹上妝前乳，讓底妝呈現水潤感。

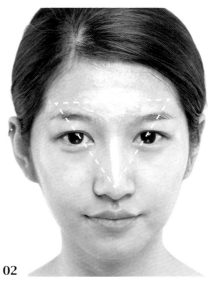

02

擦上隔離霜，在臉部倒三角處上珠光飾底乳，增加臉部立體感和光澤度。

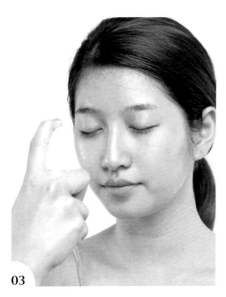

03

上底妝前，先用保濕噴霧補充水分，加強肌膚的吃妝度、持妝度，強化底妝效果。

04

趁水分還沒蒸發時，塗上粉底液。

TIPS

塗粉底液時，建議選擇使用海棉，讓其帶走多餘的粉底，且用彈壓的方式使底妝更透亮、輕薄。

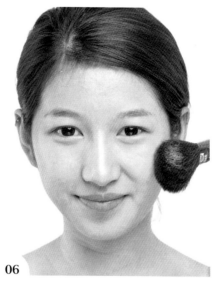

05

將臉部需要遮瑕的部位做局部遮瑕，
如黑眼圈等。

06

在兩頰輕刷上蜜粉。

TIPS

由於是光澤感妝容的呈現，所以蜜
粉只需要刷薄薄一層即可。

apple's useful advice

・此妝容強調腮紅的光澤感，與唇彩要呈現出的透明度，使整體妝感更加具有光澤度。

・化妝時，眼皮若容易出油，可另外使用粉餅在上眼皮處加強按壓，延緩出油量。

打造好臉色—
陶瓷底妝

讓臉上的毛孔與細紋瞬間隱藏的陶瓷底妝，使臉蛋變得白、嫩又具霧面的柔光感，膚質看起來絲滑輕薄，零瑕疵。

MAKE-UP ITEM

A 蜜粉：laura Mercier 柔光透明蜜粉
B 打亮膏：SK-II COLOR 上質光 立體肌保養頰彩
C 粉底液：PAUL&JOE 糖瓷釉光透亮粉底霜 #00
D 隔離霜：laura mercier 飾色隔離霜（nude）
E 妝前乳：laura mercier 換顏凝露
F 液狀遮瑕筆：RMK 液狀遮瑕筆

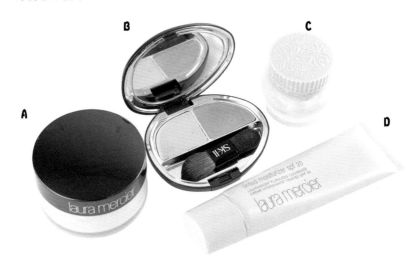

01

基礎保養後,擦上隔離霜與妝前乳。

TIPS

妝前乳能增加臉部光澤感,還能維
持水嫩感。

02

上粉底液。先將粉底液分別上在臉頰
兩側,從內往外使用粉底刷刷開。

03

可使用打亮膏,輕按壓在臉頰的局
部,以倒三角的方式按壓,可使皮膚
看起來緊繃具光澤感。

04

液狀遮瑕筆點在眼睛周圍,再用遮瑕
刷刷開。

TIPS

也可把遮瑕筆仔細地塗抹在鼻翼兩
側或臉上其他有瑕疵的地方。

05

海綿輕彈壓全臉，讓底妝更持久 。

06

蜜粉以散粉定妝，呈現出極佳的遮瑕效果。

apple's useful advice

此妝容強調如洋娃娃般無瑕疵的完美底妝，在完妝後的步驟最為重要，以海綿輕柔的彈壓全臉及散粉定妝，不僅讓妝更加服貼持久，也讓遮瑕度大大提升。

玩美頰彩

腮紅的用途除了替臉頰增色外，也有修容的功用，不同的色彩會刷出不同的完美臉頰。刷腮紅時的重點有腮紅顏色的選擇，與刷腮紅在臉頰上的位置差異，現在不妨來玩一下頰彩的變化，讓自己呈現不同以往的妝容吧！

Type.1
甜美可愛洋娃娃

顏色挑選

一般膚色可選粉紅色或蜜桃色，小麥肌可選粉橘色，避免看起來妝感不乾淨。

MAKE-UP ITEM

腮紅：SHU UEMURA 植村秀—創藝無限腮紅
　　　#M225

如何上妝

微笑時兩頰鼓起來的地方就是笑肌，用畫圈方式由內往外暈染出圓形區域。

personalit

Type.2 個性酷女孩

顏色挑選

用稍微深一點的褐色系、磚紅色系,修容效果會較明顯。

MAKE-UP ITEM

腮紅:Nars-Outlaw 炫色腮紅
修容:Nars-Casino3D 立體燦光修容餅

如何上妝

1　沿著臉頰輪廓外緣,往內薄薄刷。

2　再以刷子上的餘粉,從太陽穴往嘴角暈染三角形,利用陰影修飾肉臉。

shy

Type.3 羞澀花漾少女

粉紅、珊瑚色等色系,創造肌膚自然透出的紅潤感,看起來才有氣質。

MAKE-UP ITEM

腮紅:JILL STUART 甜心愛戀顏彩盤 #10

如何上妝

暈染「太陽穴 — 笑肌 — 耳朵」的三角區,以畫橢圓的方式,小範圍重疊珠光粉色腮紅。

Apple's stytle

■仿少女時代心機韓流妝

■艾莉大片色塊玩色彩復古妝

CHAPTER.2
部落客
玩美大變身

Ring
仿少女時代心機韓流妝

美白無瑕的光澤底妝與當今韓國火紅的平眉、亮片眼妝，唇妝以討喜的螢光桃紅色呈現，搭配上令人無法招架的大波浪捲髮，性感又可愛。十足少女時代的 LOOK ！小妞們趕快跟著小蘋果一起畫出心目中的 "Girls's Generation" 吧！

IMPORTENT MAKE-UP ITEM

A 奢華寶貝―寶石晨露雙花唇彩 #04 粉紅小惡魔
B ETUDE HOUSE―神乎奇技 BB 調和飾底菁華液
（可將此菁華液以 1：1 比例加入平常使用的粉底液中，使臉部創造出光澤感的肌膚）

＊小心機＊
若想讓眼妝看起來更亮眼，可使用亮片眼線液沿著黑色眼線上方描繪，增加電眼感。

Before

01

擦上妝前保濕乳後，抹上調和的粉底液與 BB 霜飾底精華，可以增加肌膚的光澤感和水潤感。

TIPS

若是想要使肌膚看起來更油亮，可將粉底液和 BB 霜飾底精華的調和比例，調整為 1：2。

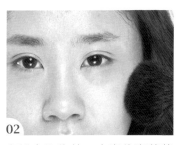

02

蜜粉由內往外、由寬往窄薄薄刷過全臉，使臉保有光澤度。

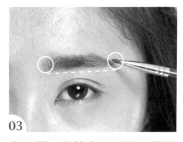

03

畫平眉。先找出眉頭及眉尾做上記號，位置要成一直線，再用眉粉在框裡補滿。

04

原本眉色較深，可用接近眉粉顏色的染眉膏稍微染色會較自然。

05

以眼線筆基礎描繪眼線。

06

用珠光的裸膚眼影塗滿整個眼皮，使眼妝呈現乾淨明亮感。

07

下眼瞼一樣塗滿含有珠光的裸膚眼影。

08

黏上自然的假睫毛。

09

用指腹在蘋果肌點開蜜桃色腮紅膏，呈現自然的好氣色。

10

塗上桃紅色唇膏，完妝。

艾莉
大片色塊玩色彩復古妝

粉膚色的眼影膏搭配豔麗的大紅唇，給人一種衝突的美感。
喜歡嘗試不同妝容的妞們絕對不能錯過！

IMPORTENT MAKE-UP ITEM

too cool for school—ART CLASS(色號 Lovely Coral)

＊小心機＊
眼影盡量挑選淺色系，若顏色太重容易模
糊紅唇的焦點。

Before

01

使用霧面底妝與透色的蜜粉，
增添底妝質感。

02

以淡咖啡色眉粉畫上眉毛。

03

再刷上咖啡色的染眉膏，使眉
毛的顏色較為柔和。

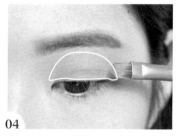

04

使用粉膚色眼影膏，塗抹整
個眼皮，需連眉毛下方都有
淺淺的眼影膏。

05

下眼瞼處也一樣塗抹粉膚色眼
影膏，塗抹範圍約一公分

06

塗抹淡淡一層香檳金眼影，增
添光澤感。

07

使用咖啡色眼影當眼線，沿著
睫毛根部畫粗。

TIPS

使用眼影畫眼線可以呈現有
神又自然的眼線喔！

08

用相同的咖啡色眼影塗抹下睫
毛的根部。

09

以睫毛夾夾翹睫毛，刷上睫毛
膏，約刷2～3次到睫毛捲翹。

10

再用睫毛膏刷下睫毛。

11

兩頰刷上礦物腮紅修容。

12

擦上紅色唇膏。

pose 2.

pose 3.

pose 1.

Apple's stytle

CHAPTER.3
展現東方女性美
咖啡色妝容

淡雅氣質
吸睛妝

以冷咖啡色調為基底的妝容，看起來自然又優雅，好感度 upup 大提升！
不愛濃妝豔抹的女孩，一定要將這個妝納入口袋名單中。

MAKE-UP ITEM

A 眉粉：KATE 凱婷造型眉彩餅 #EX-4 淺咖啡
B 眼線：Dolly Wink 黑色眼線液筆
C 打眼頭筆：LA EAU mini 防水星紗眼線筆 — 氣質珍珠白色
D 唇膏：MAC 閃亮星澤唇膏（Angel 色）
E 唇蜜：Dior 迪奧豐漾俏唇蜜 #001
F 眼影：Urban Decay Naked Palette 12 色眼影盤（左到右色號 Virign, Sin, Naked,
　　　Sidecar, Buck, Half Baked, Smog, Darkhorse, Toasted, Hustle, Creed&Gunmetal）
G 腮紅：MAC 柔礦迷光修容（Pink Tea）

01

細畫眼線,眼尾處稍微突出。

02

沾取香檳金色的眼影(Sin)刷在眼窩打底。

03

在雙眼皮摺內塗上咖啡色眼影(Half Baked)做漸層的效果。

04

為了使眼妝帶點深邃感,在眼尾 1/3 處加上更深的咖啡色眼影(Creed)。

05

深咖啡色眼影(Creed),從上眼瞼尾端往下眼瞼處畫過。

06

以打眼頭筆輕畫在眼頭「く」的位置,強調眼頭,讓眼睛增加亮感。

07

眼妝完成後,指腹輕點上淡粉色腮紅膏在臉頰笑肌的位置。

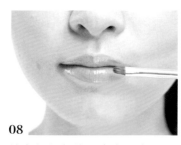

08

塗上粉紅色的唇膏與唇蜜。

pose 1.

pose 2.

pose 3.

apple's useful advice

化這個妝時須注意眼影的濃度，以免下手過重就失去了原本想呈現的氣質、乾淨的妝感。

鄰家女孩
俏麗妝

以暖咖啡色系為妝容的主軸，搭配上似外國人的淺色系眉毛，呈現出鄰家女孩般的溫暖與親和力，非常適合甜美的女孩兒。

MAKE-UP ITEM

A 眉粉：KATE 凱婷造型眉彩餅 #EX-4 淺咖啡
B 眼線：DollyWink 咖啡色眼線筆
C 眼影：KOJI Dolly Wink 玩美調色眼影盤 #01(由左至右為焦糖色、象牙白色、咖啡色、深咖啡色)
D 唇膏：Lavshuca 緋晶密潤唇膏 #OR-3
E 腮紅：shu uemura 植村秀 創藝無限腮紅 #M225

01 以焦糖色眼影打在眼窩處，上眼影的範圍約一公分。

02 下眼頭到下眼尾一樣畫上焦糖色眼影約 0.5 公分

03 用眼影刷沾取深咖啡色眼影，刷在眼尾的地方，使眼睛更顯立體。

04 拿小刷的尖部沾取深咖啡色眼影，塗在下眼瞼處。

05 咖啡色眼線筆描繪基本眼線，描繪時睫毛根部也要塗滿。

06 睫毛夾夾翹睫毛刷上睫毛膏。

07 眼頭部位用象牙色眼影打亮，使眼妝看起來更乾淨、可愛。

08 由上往下刷上蜜桃色腮紅。

09 最後擦上橘色唇蜜。

pose 1.

pose 2.

pose 3.

apple's useful advice

蜜粉刷沾取蜜粉，從太陽穴往顴骨的地
方斜斜刷過。修飾臉部兩側。

水嫩感
童顏裸妝

咖啡色眼影搭配粉色眼影調和出無殺傷力的柔和眼妝，呈現清新粉嫩的
妝感，打造自然的童顏娃娃臉。

MAKE-UP ITEM

A 眉粉：KATE 凱婷造型眉彩餅 #EX-4 淺咖啡

B 唇膏：YSL 口紅 #07（Lingerie Pink）

C 唇蜜： SONY C 攻唇透亮果凍唇蜜 — 蜜糖粉

D 眼線：DollyWink 咖啡色眼線筆

E 眼影：Shu uemura 植村秀 創藝無限腮紅 M225

F 眼影：Stala 眼影頰彩兩用盤（左下方咖啡色）

G 腮紅：Stala 眼影頰彩兩用盤（左上方蜜桃色）

H 打眼頭筆：LA EAU mini 防水星紗眼線筆 — 氣質珍珠白色

01

眼影刷沾取粉色眼影,塗薄薄一層在雙眼皮上。

TIPS

塗眼影時,以張開眼睛能看見 0.1 公分的眼影為主。

02

將粉色眼影塗在下眼瞼約 0.4 公分處,眼尾要自然地和上一個步驟塗好的眼影相連。

03

雙眼皮摺內輕輕刷上不帶珠光的咖啡色眼影。

04

用同樣的咖啡色眼影畫在下眼瞼處。

05

以眼影刷沾取米白色眼影,在眼頭「<」處提亮妝感。

06

使用白色打眼頭筆在眼頭畫 3～4 遍,增加此妝容的可愛無辜感。

07

咖啡色眼線筆沿著睫毛根部自然描繪到眼尾,再略往下平拉出約 0.3～0.4 公分。

08

刷上蜜桃色腮紅。

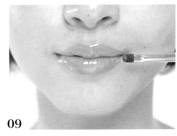

09

使用唇膏加唇蜜 1：1 的比例混和,塗於雙唇上。

TIPS

若想要讓唇看起來有些微嘟嘴的效果,可以拿白色打眼頭筆在唇峰處加強立體感。

pose 2.

pose 1.

pose 3.

粉色眼影若佔眼窩大範圍時，臉頰部位建議選用偏蜜桃色系
的腮紅妝品，以免使整個臉妝看起來紅成一片。

模特兒—蔣蔣

韓妞
貓眼妝

從眼尾開始將眼線液加粗往上揚的貓眼妝是韓國女孩秋冬最愛的妝容之一，不論是單眼皮或雙眼皮的女生都可以展現出勾人眼球的魅惑感！

MAKE-UP ITEM

A 打眼窩眼影盤：MAC 眼影盤
B 拉線條眼影：MAC 時尚焦點小眼影（灰色）
C 唇露： Peripera TINT WATER# 01 Cherry juice （櫻桃紅）
D 唇線筆：MAC 唇線造型筆（裸膚色）
E 眼線液：CLOI 極黑眼線液
F 腮紅：戀愛魔鏡粉嫩魔法腮紅 #RK301

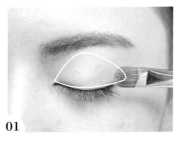

01 沾取眼影，作為整個眼皮的打底色。

02 先用眼線液描繪基礎眼線。

03 眼睛張開平視前方，在眼尾做一個記號，平點約 45°角稍微往後畫拉。

04 眼線液沿著黑眼珠後端至眼尾加粗，加粗後再填滿睫毛間的空隙。

05 使用睫毛夾夾翹睫毛，刷上睫毛膏後戴上假睫毛。

06 取最小支的刷子沾取黑色眼影，從靠近眼線的上方描繪到眼尾，再拉長約 0.2 公分。

07 將黑色眼影刷，在下眼尾處補滿眼尾的三角地帶。

08 使用銀白色眼影畫下眼瞼的內眼線。

09 腮紅刷沾取腮紅，從太陽穴往顴骨的地方斜斜刷過。

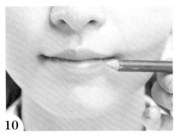

10

利用粉膚色的唇線筆塗在嘴唇上，模糊唇線。

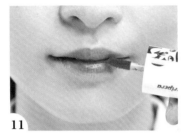

11

再使用唇露塗在唇部中央。

pose 1.

pose 2.

pose 3.

apple's useful advice

畫唇妝時，模糊唇線的方式除了用唇線筆，也可使用遮瑕筆。

玩美唇彩

Type.1

性感魅力的豐唇

想擁有性感的豐唇一點也不難，不用動刀，只要在唇妝的畫法上加上一些小技巧，就可以輕鬆展現出安潔莉娜般的魅力唇形。

sexy

01 打造豐唇妝之前，一定要先充分滋潤雙唇，塗上厚厚一層潤唇膏或妝前唇霜，待 5 分鐘後再把多餘的唇膏擦去。

02 使用接近唇色的唇筆框住嘴唇，畫時可以略放大 0.1 ～ 0.2 公分。

03 唇膏把唇線內的唇色補均勻。

TIPS
此時雙唇自然散發潤澤光芒，能為效果加分。

04 將帶有光澤感的唇蜜重複疊上，讓嘴唇看起來有 Q 嫩感。

05 先把高光粉刷在上唇和下唇的邊緣，再淡淡地塗在嘴角的「＜」和「＞」位置。

MAKE-UP ITEM

A 豐唇打亮筆：
LA EAU mini 防水星紗眼線筆 — 氣質珍珠白色

B 唇膏：
too cool for school 蠟筆造型唇膏（粉色）

C 唇蜜：
SONY C 攻唇透亮果凍唇蜜（蜜糖粉）

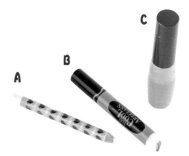

apple's useful advice
豐唇妝的重點在於用的是高光粉，而不是使用唇線筆來勾勒唇部輪廓。

Type.2
冷豔誘惑的紅唇

紅脣給人強烈的感覺，性感、神秘、高貴等，適合個性積極有熱情的摩登女孩們。

ice

01

未上妝的唇。

02

用蜜粉蓋過原本較深的唇色。

03

先使用潤唇膏打一層底後，用唇刷沾取淡紅色的唇彩刷在唇線上，刷在唇線上時須距離嘴唇約 0.5 公分的位置。

04

唇部將唇膏沒有渲染到的地方添加上顏色。

MAKE-UP ITEM

紅色唇膏：

奧癮誘超模絕色唇膏 #857

apple's useful advice

· 此唇妝在打完底後就可以繪製唇形，也許妳會想使用唇線筆來勾勒，但建議直接用大紅色的唇彩描繪即可。

· 注意不能直接用唇膏塗抹，必須藉助唇線筆沾取唇膏細細染上於嘴唇上。

Type.3
清純的甜美薄唇

不喜歡性感豐唇的女孩們可以嘗試
不同的唇妝畫法，讓我們以薄唇來
展現優雅的妝容感吧！

Pure

01

未上妝的唇。

02

選用與膚色相同顏色的粉底液輕輕地拍打整個唇部，將原來的唇色完全遮蓋住。

03

用唇刷沾取適量的深棕色唇膏畫上唇線。粗細不要超過 0.1 公分。

TIPS

可以使用深紅色系列的唇膏產品或者深色的唇線筆代替。

04

用與上個步驟同樣的方法，將唇膏向內以 0.1 公分的粗細沿著下唇邊緣慢慢畫出下唇線。

05

最後再把上下唇線內的小範圍塗滿唇膏。

MAKE-UP ITEM

A 唇膏：

Dior 迪奧癮誘超模絕色唇膏 # 619

B 唇線筆：

The Body Sho 潤澤唇線筆 # 02 嫩膚橘

apple's useful advice

厚唇變薄唇一定要用唇膏取代唇蜜，因為唇蜜過多的油質會影響一開始畫底妝後的遮瑕效果。

Apple's stytle

■迷人的灰色微煙燻

■都會女郎的咖啡色煙燻

■充滿神秘感的紫色煙燻

■迷濛的墨綠色微煙燻

CHAPTER.4

魅力倍增

大玩不同色調
煙燻妝

迷人的
灰色微煙燻

微煙燻妝展現出女人些許性感又帶點清純的無辜感；而使用銀灰色的眼
影打造出更加亮眼迷人的眼妝，別於一般煙燻妝給人的強烈感。

MAKE-UP ITEM

A 第一層眼影：MAC 專業眼影（Silver Ring）

B 第二層眼影：MAC 時尚焦點小眼影（灰色）

C 唇膏：Shu uemura 植村秀無色限唇膏

D 眼頭打亮眼影：Urban Decay Naked2 Palette 12 色眼影盤（左到右色號 Foxy，
HalfBaked，Booty Call，Chopper，Tease，Snakebite，
Suspect，Pistol，Verve，YDK，Busted， Blackout.）

E 腮紅：3CE 好氣色粉嫩腮紅（ALL That Peach）

01

用眼線膠筆描繪基本眼線後，再以筆尖處往後延長，把眼尾拉長約一公分。

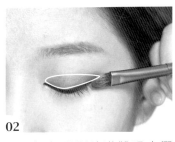

02

利用灰色眼影填滿雙眼皮摺內，眼頭處的地方也要塗滿，為第一層眼影。

03

使用深灰色眼影覆蓋眼線，且向後拉長約 2 公分，為第二層眼影。

TIPS

深灰色眼影，可用普通的灰色眼影加點黑色作調配。

04

用深灰色眼影畫在下睫毛的根部，從後往前畫，約畫到黑眼球中央位置。

05

再將上眼影後端跟下眼影連接起來呈現一個「＞」的形狀。

06

使用淺米色系（Booty Call）的眼影打在眼頭處，讓整個眼妝增加柔和感。

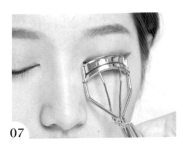

07

以睫毛夾夾翹睫毛。

08

刷上睫毛膏。

09

在顴骨上以倒三角形的刷法均勻刷上腮紅。

10

最後在嘴唇上擦上淡粉桃色感
的唇膏。

pose 2.

pose 1.

pose 3.

都會女郎的
咖啡色煙燻

使用柔和的暖色系表現此妝容，充分展現出感性與知性美。使整體俐落
的打扮中增添些許女性的柔美，是時尚 OL 不可錯過的必備妝容之一。

MAKE-UP ITEM

A 暈染眼影：Urban Decay NAKED（Darkhorse）
B 打底眼影：Urban Decay NAKED（Half Baked）
C 唇膏：Dior 迪奧組合唇彩盤 6 色（粉裸色）
D 腮紅：3CE 立體閃耀 4 色腮紅

01

先用眼線液筆描繪基礎眼線。

02

Half Baked 色號眼影打上整個眼窩區域。

TIPS

帶有珠光的亮金銅色，可以讓眼妝看起來更佳亮眼。

03

使用較小號的眼影筆，沾上 Darkhorse 色號眼影，從眼尾往眼皮中間的方向塗抹，打造層次感，讓眼尾看起來更長。

04

在上眼窩中央打上 Half Baked 色號眼影讓整個眼妝更融合為一體。

05

Darkhorse 色號眼影塗滿下眼尾到眼中處，重複 2～3 次。

06

將眼頭處打亮。

TIPS

打量眼頭處，建議可選用象牙色或珊瑚色，都很適合。

07

睫毛夾夾翹上睫毛。

08

刷上一層睫毛膏。

09

戴上假睫毛。

10

腮紅刷沾取腮紅，從太陽穴開始往嘴角方向輕輕的斜刷。

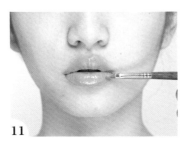

11

最後塗上粉裸色唇膏即成。

apple's useful advice

如果想要呈現沉穩幹練感的妝容，唇膏部分可選擇重色系。

充滿神秘感的
紫色煙燻

以迷幻的紫色作為煙燻妝的基底，刷上 W 形的腮紅，搭配上粉裸色的唇膏，創造出具個性風又帶有神秘感的煙燻妝容。

MAKE-UP ITEM

A 眼影：Shu uemura 植村秀濃情巧克力眼影盤（摩卡覆盆子色、金銅色、紫色、香檳色）

B 唇膏：MAC 粉持色唇膏（Overtime）

C 唇蜜：too cool for school 午休小貓咪唇膏 #02

D 腮紅：植村秀創藝無限腮紅 #M225

01

在眼皮上抹上紫色系眼影，以張開眼可看到約一公分的眼影為基準。

02

用咖啡色眼線膠，從眼睛中間到眼尾畫上眼線，約拉長1.5～2公分。

03

將上眼線拉長尾端連接下眼線，將眼瞼內補滿眼線膠。

TIPS

若想要呈現較有質感的有色眼影，眼影抹上眼皮時不需要太重，若隱若現即可。

04

摩卡覆盆子色眼影，將雙眼皮內補滿顏色。

05

用珠光的金銅色眼影重疊所有的眼影和眼線。

06

金銅色眼影塗在下眼皮處，用少許的眼影覆蓋之前的眼線。

07

最後打上亮粉。

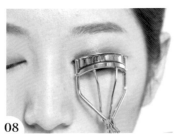

08

睫毛夾夾俏上睫毛。

09

刷上睫毛膏。

10

黏上假睫毛。

11

睫毛膏刷下睫毛。

12

臉頰蘋果肌處以「W型」刷上腮紅。

TIPS

建議在黏上假睫毛後，用眼線膠再描繪一次假睫毛梗部，讓眼睛的線條更加分明。

TIPS

若喜歡妝感再重一點，也可以種上下睫毛。

13

使用明度較高的粉裸色唇膏，塗在嘴唇上，具個性又質感的煙燻妝即完成。

apple's useful advice

喜歡較重眼妝感的女孩，可以搭配濃密型交叉款的假下睫毛，更加突顯效果。

迷濛墨綠色
微煙燻

以綠色眼影作為煙燻妝的基底是很多女孩們不敢嘗試的妝容，而小蘋果以綠色霧面與深墨綠色的眼影所呈現出的微煙燻妝卻展現出令人意想不到的質感妝容，想要畫出不同以往的氣質煙燻妝嗎？那就隨著步驟來完成吧！

MAKE-UP ITEM

A 眼影：莫蒂膚拉拉系列拉拉五色眼影組盒（深墨綠色）
B 唇膏：Shu uemura 植村秀豐盈閃亮唇膏系列 #OR520
C 眼影盤：SEPHORA（綠色霧面）

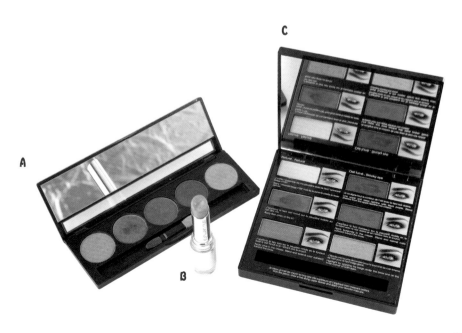

step by step

01

眼影刷沾取綠色霧面眼影，塗
抹在雙眼皮的位置，重複 2～
3 次。

TIPS

若想要呈現較有質感的有色
眼影，眼影抹上眼皮時其實
不需要太重，若隱若現即可。

02

深墨綠色的眼影與前面步驟在
雙眼皮上所塗的眼影重疊上
去，製造出漸層感。

03

上眼線拉長尾端連接下眼線，
眼瞼內補滿眼線膠。

04

深墨綠色眼影塗抹在下眼線
約 0.4 公分寬處，從眼尾塗至
眼中，不要到眼頭處。

05

香檳金眼影塗抹在眼皮中間。
（眼頭處也是抹上相同的顏色）

TIPS

這步驟可以使眼睛更有立體
感，讓眼睛自然的散發出光
澤。

06

刷上自然的腮紅於兩頰。

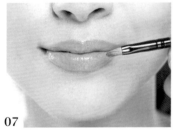

07

塗上裸粉膚色系唇膏，讓唇型
呈現自然，不用刻意強調。

apple's useful advice

此妝容可以以深色與淺色的橄欖綠搭配外，小蘋果也很推薦
灰綠色和綠色的煙燻妝。

pose 2.

pose 1.

pose 3.

Apple's stytle

- 馬卡龍少女 · 土耳其藍與黃色眼影

- 夏日冰淇淋女孩 · 綠色眼影搭配粉裸唇色

- 繽紛洋娃娃 · 桃紅色眼線

CHAPTER.5

眼影筆玩顏色
繽紛眼妝

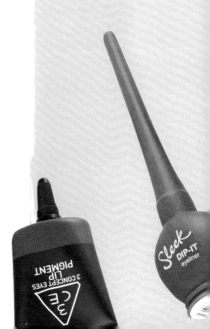

馬卡龍少女
土耳其藍與黃色眼影

亮麗色彩的撞色眼妝是許多人不敢輕易嘗試的，但只要掌握住撞色眼妝
畫法的小技巧，在春夏之際讓自己成為繽紛亮眼的俏麗女孩！

MAKE-UP ITEM

A 眼影：歌劇魅影 KRYOLAN 限量 18 色眼影彩盤
B 唇膏：：MAC 霧幻性感唇膏 （Candy Yum-Yum）
C 腮紅：Shu uemura 植村秀 創藝無限腮紅蕊 #M225
D 眼線筆：Kohl Eyeliner 造型眼線筆（Shimme）
E 眼皮打亮色：bobbi brown 微煦眼影 #01

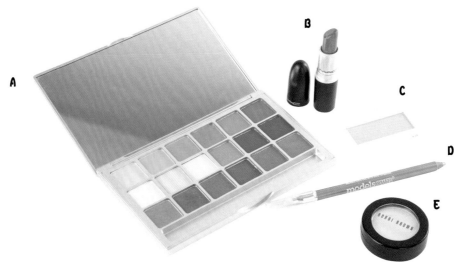

01

使用米色眼影為眼窩打底，塗滿整個眼窩讓眼周上有色彩眼影會較顯色，且自然均勻。

02

眼頭到整個眼窩塗滿黃色眼影，範圍大約是眼窩的2／3。

03

以黑色眼線膠筆填滿睫毛根部，描畫內眼線。

TIPS

注意內眼線一定要畫得夠細，不可超過睫毛根部。

04

土耳其藍色的眼線筆，順著內眼線的形狀描繪，比內眼線拉長約 0.5 公分。

05

刷上纖長款或濃密款的防水睫毛膏。

06

選擇適合自己的假下睫毛黏上，就能維持一天美美的撞色眼妝。

TIPS

黏假下睫毛時，建議剪成一搓一搓，依序排成要黏的順序，這樣在黏睫毛時較方便。

07

咖啡色的眉筆畫眉毛。

08

紫色腮紅輕柔淡淡的自然刷過兩頰，不需過重而搶了眼妝的風采。

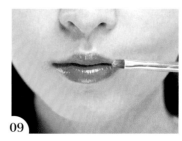

09

擦上桃紅色口紅。

兩種色彩的眼妝合併一起使用時，要更加注意眼線的防暈染性。

夏日冰淇淋女孩
綠色眼影搭配粉裸唇色

利用多色的眼影盤搭配屬於夏日的冰淇淋色調，塗上粉色唇膏，一款屬
於夏季限定版的妝容就此誕生啦！讓整個夏季散發出少女的氣息。

MAKE-UP ITEM

A 眼影打底：歌劇魅影 KRYOLAN 限量 18 色眼影彩盤（薄荷綠）
B 唇膏：YSL 唇膏 #07 Lingerie Pink
C 眼影：3CE 甜蜜冰淇淋彩妝組 薄荷焦糖款（NEPTUNE）
D T 字打亮：3CE 甜蜜冰淇淋彩妝組 薄荷焦糖款（BEIGE）
E 腮紅：3CE 甜蜜冰淇淋彩妝組 薄荷焦糖款（A PEACH）
F 眼線筆：3CE 眼線筆（咖啡色）

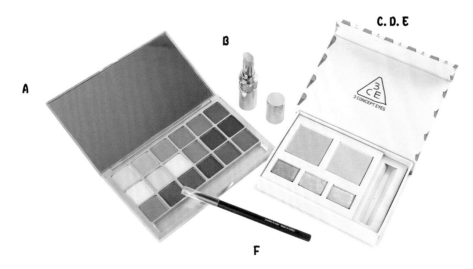

01

眼窩用薄荷綠色打底。

02

NEPTUNE 色眼影輕輕刷上眼窩中央,使雙眸放大,增加迷人的效果。

03

睫毛根部用眼線筆補滿。

04

頭處輕壓上 NEPTUNE 色。

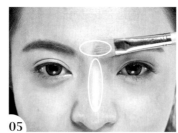

05

T 字部位打亮。

06

刷上腮紅。

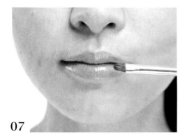

07

塗上粉色唇膏,讓嘴唇散發出迷人光澤感,整體妝容散發濃濃的少女氣息。

apple's useful advice

除了本妝容所採用的綠色眼影搭配粉裸唇色外,也可以選用「淺灰色眼影 + 裸膚唇妝」、「珠光粉眼影 + 粉色唇妝」,讓自己在夏日季節變妝成不一樣的 "Ice Cream Girl"。

繽紛洋娃娃
桃紅色眼線

大膽的使用今年最火紅螢光色系中的桃紅色為眼線，笑肌處刷上帶有珠光的粉色系呈現出洋娃娃般可愛蘋果肌，擦上橘色唇膏更添加俏皮感。

MAKE-UP ITEM

A 蘋果肌打亮：3CE highlighter（GOLD PINK）
B 唇膏：3CE 甜蜜冰淇淋彩妝組 薄荷焦糖款（POP ORENG）
C 桃紅色眼線：Sleek 桃紅眼線液
D 桃紅色眼線：3CE PIGMEN 唇頰彩蜜（ELECTRO PINK）

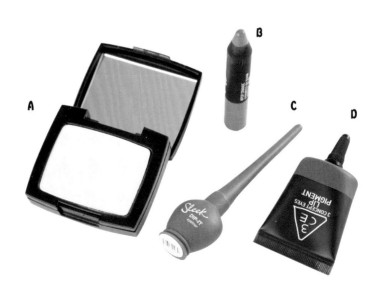

01

桃色眼線液順著眼尾平拉約 0.5～0.8 公分。

02

利用極黑的眼線液筆順著桃色眼線處平拉,將眼尾三角處跟黑色眼線平拉處縫隙補滿,呈現雙搭眼線。

03

假睫毛前後剪去 0.2 公分,剩下的假睫毛黏在眼睛中間處。

04

笑肌處刷上粉色珠光腮紅,打亮呈現可愛的蘋果肌。

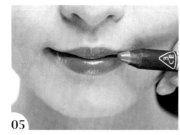

05

擦上橘色唇膏,讓整個妝容更加俏皮繽粉感。

apple's useful advice

若喜歡不同色彩的眼線,可以以自己喜歡的顏色取代桃紅色眼,按照相同的步驟就可以畫出屬於自己的撞色眼妝。

pose 2.

pose 3.

pose 4.

pose 1.

Apple's stytle

■華麗時尚名媛風

■光澤明亮感美人

■韓妞妝前妝後大變身

CHAPTER 6

素人
玩美大變身

華麗時尚
名媛風

日常生活中的賢妻良母經過小蘋果的彩妝魔法棒，搖身一變晉身為氣質名媛。只要隨著步驟，讓妳也能化身成為時尚寵兒。

Before

素人—Ivy

MAKE-UP ITEM

A 腮紅：CHANEL 香奈兒限量腮紅 #60 誘惑薔薇
B 唇蜜：DIOR 迪奧癮誘魔術護唇彩 #002
C 唇膏：MAC 閃亮星澤唇膏 （Angel）
D 粉底液：DIOR 迪奧雪晶靈超柔焦淨白粉底液 #020
E 眼影：KOSE 丰靡美姬 幻粧 漸層光眼影 #A-1

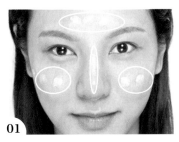

01

壓 5 元硬幣大小量的隔離霜（差不多剛好適合全臉），點於臉上。

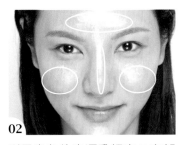

02

利用米色的光澤乳提亮 T 字部位及眼下大三角處。均勻塗抹於全臉。

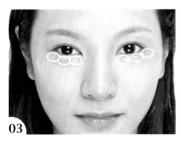

03

遮瑕膏點在眼下三角黑眼圈處，用指腹輕拍均勻。

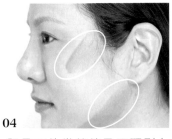

04

顴骨下的微笑線及下顎刷上深色粉底液。

TIPS

此一步驟可讓臉有往上提的錯覺感。

05

全臉刷上蜜粉做定妝的動作。

06

以淡咖啡色的眉粉畫上自然的眉型。

07

刷上咖啡色的染眉膏。

TIPS

由於原本的眉色太深，會給人有兇的感覺，因此刷上咖啡色的染眉膏，使臉看起來較自然和。

08

使用彩盤中帶點橘色調的眼影塗抹於眼皮上，約塗抹一公分的寬度。

09

淺咖啡色塗抹後半部眼窩處。

10
小支的眼影刷沾取深咖啡色眼影，沿睫毛根部描繪粗眼線。

11
沾取深咖啡色眼影，從黑眼珠中央沿著下眼瞼連至三角處到上眼線。

12
眼線膠描繪基礎黑眼線，根部縫隙也要仔細補滿。

13
最淺色的眼影打亮眼皮中央。

14
同樣以最淺色眼影打亮眼頭「く」處。

15
使用睫毛夾夾翹睫毛後，刷上睫毛膏，重複刷 2～3 次。

16
睫毛膏刷下睫毛。

17
兩頰笑肌上刷上腮紅，讓臉部輪廓更加明顯。

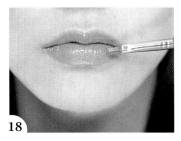

18
唇部塗上一層薄薄的唇膏，再疊上一層唇蜜，增加滋潤度跟光澤感。

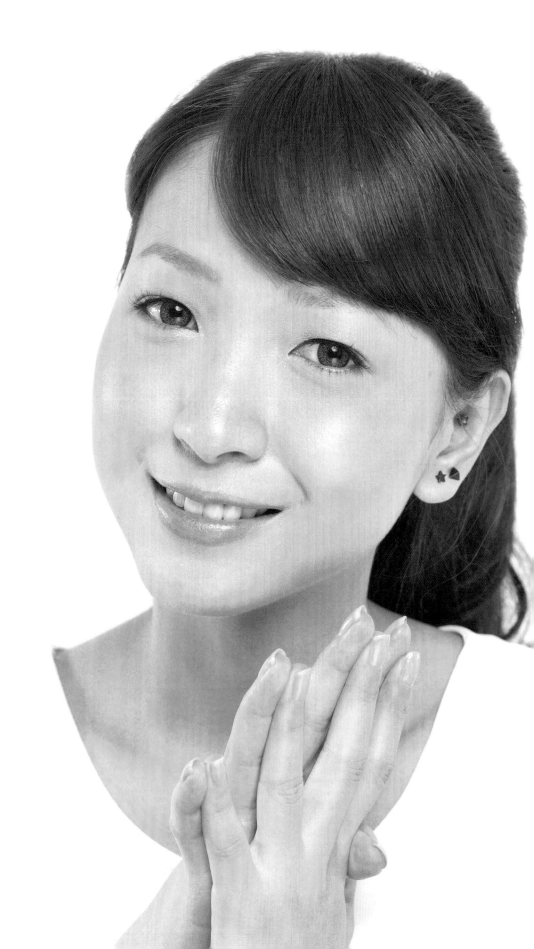

光澤明亮感 美人

消除令人懊惱，黯淡無光的壞臉色，打造出如同韓星宋慧喬般的光澤肌明亮妝感，從今天起做個擁有好臉色的有氧女孩吧！

Before

素人—Anna

MAKE-UP ITEM

A 妝前保濕乳：SANA 早安吻美肌防曬妝前乳 SPF30
B 明亮遮瑕膏：莫蒂膚遮瑕膏（淺琥珀色）
C 眼影：莫蒂膚三色礦妍眼影（慧眼獨具）
D 粉底液：RMK 水凝柔光粉霜 #101
E 珠光飾底乳：3CE HIGHLIGHT BEAM 高光液
F 唇膏：Shu uemura 植村秀豐盈閃亮唇膏系列 #OR520
G 腮紅：莫蒂膚粉妍頰彩（繾綣星砂）
H 眉粉：KATE 凱婷造型眉彩餅（淺咖啡）
I 修飾霜：Laura Mercier 亮眼修飾霜（orange）

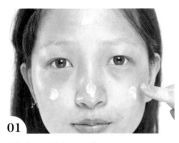

01 擦上妝前保濕乳。

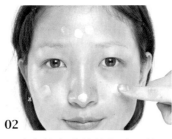

02 用珠光飾底乳塗抹全臉,讓肌膚呈現自然的光澤感。

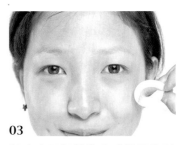

03 粉底液用輕拍的方式搭配海綿上妝,可以讓底妝更輕薄。

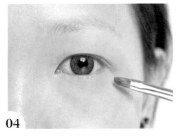

04 因為原本的黑眼圈較深,所以先用橘色遮瑕調一點粉底液修色,再用明亮的遮瑕膏做遮瑕,這樣的搭配就能夠呈現出完美的遮瑕。

05 噴上保濕噴霧做定妝的動作。

06 淡咖啡色眉粉加深眉尾。

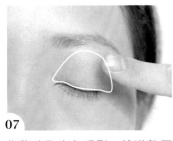

07 指腹沾取米色眼影,塗滿整個眼皮,使其打亮。

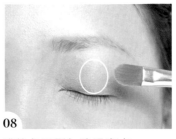

08 淺棕色眼影加強眼窩處。

09 使用礦物咖啡色眼影,沿著睫毛根部描繪增加漸層感。

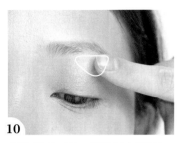

10

指腹沾取米色眼影打亮眉下，增加光澤感。

11

眼線膠筆描繪基礎眼線，內眼線也需補滿。

12

挑選自然交叉狀假睫毛貼上。

13

淺米色眼影打亮眼頭。

14

從顴骨往髮際線刷上腮紅。

15

打亮 T 字部位。

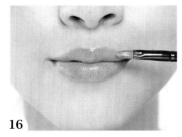

16

素人原本唇色已非常紅潤，為了降低唇色所以擦上膚色的唇膏，使原本的唇色與膚色唇膏綜合一起，變成淡淡裸粉色。

apple's useful advice

為了打造光澤肌，在擦妝前保濕乳時，建議用按摩的方式均勻塗抹於整臉，除了增加保水度也可以促進循環讓氣色加分。

韓妞妝前妝後
大變身

單眼皮女生有福囉！小蘋果用下列的妝品巧手打造出
時下女孩們最喜歡化的韓妞妝，隨著步驟，讓我們一
起從單眼皮女孩變身為可愛大眼的俏麗韓妞。

MAKE-UP ITEM

A 珠光飾底乳：3CE HIGHLIGHT BEAM 高光液
B 粉底液：3CE 超水感粉底液（SOFT BEIGE）
C 唇蜜：Peripera ☆牛奶粉嫩唇蜜（草莓牛奶）
D 腮紅：MISSHA 柔光亮采腮紅 #K03
E 遮瑕膏：RMK 立體遮瑕膏 #01
F 唇膏：too cool for school 蠟筆造型唇膏（粉色）
G 眼線筆：DollyWink 眼線筆（咖啡色）
H 唇線筆：MAC 唇線造型筆（裸膚色）
I 眼影盤：NAKED Palette 12 色眼影盤（深咖啡色 Darkhorse、淺咖啡色 Smog）

Before

素人—Ann

step by step

01

素人麻豆本身的膚況很好，所以選擇用粉底刷刷上薄薄的粉底液於全臉。

02

黑眼圈並不太明顯，直接用明亮色遮瑕即可。

03

T字部位和臉頰容易出油，可以在這兩個部位刷重複刷上2～3次蜜粉。

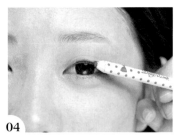

04

張開眼睛平視前方，用咖啡色眼線筆取一個點。

TIPS
用咖啡色眼線筆取點時需與靠近睫毛根部的眼皮有些許縫隙。

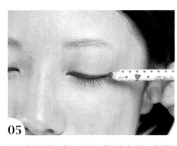

05

眼睛閉起來可以看到上個步驟所畫的點的空隙，再用咖啡色眼線筆將其填滿。

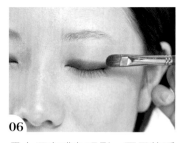

06

疊上深咖啡色眼影，再用乾淨的眼影刷往上暈開。

07

淺咖啡色眼影將深色眼影疊上去，呈現出漸層感。

08

下眼瞼三角處補滿深咖啡色的眼影。

09

貼上濃密黑梗的假睫毛。

10
裁剪好的網狀雙眼皮貼固定在眼皮上，利用假睫毛跟雙眼皮貼搭配就能撐出雙眼皮摺線。

11
刷上粉色腮紅。

12
唇線周圍用遮瑕蓋住。

13
唇內擦上淡粉色唇膏，且唇中央點上桃粉唇蜜就完成了。

韓妞咬唇妝

時下韓國妞最流行的唇妝之一，莫過於「咬唇妝」啦！不論是韓劇「想你」裡的尹恩惠或偶像歌手孫佳人可說都是此唇妝的代表人物。咬唇妝顧名思義，就有點像是一直咬著唇珠，咬久後有嘴唇中間呈現紅色的感覺。

1. 使用遮瑕蓋住唇線周圍。
2. 嘴唇擦上淡淡的粉色唇膏。
3. 在嘴唇中央點上桃粉唇蜜。

Apple's stytle

■完美妝容急救章 ‧ 補妝技巧

■水嫩感膚質必備章 ‧ 卸妝技巧

CHAPTER.7

輕鬆上手超簡單
補妝、卸妝

泛油光的 T 字部位和臉頰，還有
暈開的眼線。

完美妝容急救章
補妝技巧

想要一整天都有完美無瑕的妝容，那麼千萬要學會補妝的小技巧。不論妳是乾燥肌膚或油性肌膚的女孩都會面臨到一到下午就脫妝的窘境，現在就跟著以下的步驟，向脫妝、結塊說掰掰！

01

乾淨的棉花棒沾取一點眼霜，輕擦拭下眼線，只需要把暈開的部分擦拭乾淨。

TIPS

棉花棒部分可以挑選比較細小的頭這樣子也不會壞了原本沒有髒掉的眼妝或底妝。

02

棉花棒乾淨的另一頭直接重複擦拭，加強清潔上一個步驟所擦拭的部位，再擦上眼霜。

03

遮瑕膏補滿剛剛清潔過的眼睛部位。

04

局部壓上粉餅定妝。

05

把已塌下的睫毛使用睫毛夾再夾翹。

06

T字部位和臉頰出油處使用吸油面紙輕壓，吸油。

07

臉頰壓上補妝粉餅。

08

Ｔ字部位也壓上補妝粉餅。

09

用護唇膏把已掉落不均勻的唇膏推開。

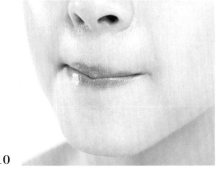

10

再上一層護唇膏保護嘴唇。

11

最後直接上攜帶型唇蜜。

12

補妝完成。

補妝小幫手

棉花棒（細款）、眼霜、遮瑕筆、粉餅、吸油面紙、護唇膏、唇蜜

擁有天生麗質的水嫩感臉蛋是女孩們的夢想之
一，想保有乾淨零毛孔的好膚質，每天回家後
的卸妝步驟要卸的徹底卸的乾淨，讓紋路、暗
沉不在臉上著下痕跡。

Before

卸妝前。

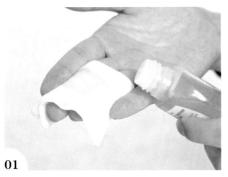

01

化妝棉沾取適量眼唇卸妝液。

02

輕壓上眼皮，慢慢擦拭，勿拉扯皮膚。

03

未使用到的另一面化妝綿壓在下眼瞼，
約 5 ～ 10 秒後輕輕擦拭。

04

拿棉花棒沾取眼唇卸妝油擦拭未卸乾淨
的內眼線。

05

用乾淨的化妝棉沾水，輕擦眼睛，2 次
清潔，若感覺油膩可以再使用第二次。

06

嘴唇輕壓卸妝液卸唇後沾清水再次清
潔。清潔乾淨用護唇膏保養嘴唇。

CHAPTER.8
小蘋果韓系彩妝保養品
實用經驗分享

韓系彩妝、保養品近年來隨著「韓」流當道的流行趨勢在彩妝界佔有一席之地。本篇收錄小蘋果平常最愛用的韓系彩妝品與保養品,讓我們一起打造出令人讚嘆又羨慕的妝容!想要擁有水嫩Q彈的膚質,就要從基礎保養開始做起,健康的皮膚可以使臉上的彩妝品有畫龍點睛的效果。

蘭芝 晚安凍膜

Apple 真心推薦：
夏天室內空氣悶熱，睡覺時冷氣都會開一整晚；
將晚安凍膜當夜晚保養最後一道程序時，能將保
養通通鎖在臉上，不會因吹了整晚的冷氣導致乾
燥空氣，或個人不良睡眠品質等諸多因素而使肌
膚的保養成分流失，做好夜間儲水、滋潤肌膚的
工作，早上醒來肌膚依舊飽水。

蘭芝 水酷激活保濕安瓶

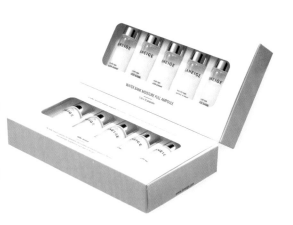

Apple 真心推薦：
這款安瓶是我在幫新娘上妝前會使用的，嘗
試了很多品牌但有些都會比較黏稠或上妝後
會掉屑，這款保濕安瓶推開後是水感質地，
在吸收方面也很快速，使用後上妝底妝會變
得很透亮。

蘭芝 完美極效拉提精華

Apple 真心推薦：
運用獨家專利－賦活緊實複合物以及分子釘修護水給予肌膚
優異的保濕功效，具有卓越修護功效的肌膚抗老化駐顏精華
液，非常適合熟女及美魔女們使用。特別呵護成熟肌膚，解
決歲月帶來的肌膚問題，有助延長細胞活力，有效細化肌理，
打造無瑕亮澤美肌，我媽媽就是愛用者之一呢！

蘭芝 水酷激活保濕醒肌露

Apple 真心推薦：
這款是保濕機能化妝水，具有淨化調理，很適合油性
肌膚缺少水的膚質使用，若 T 字油兩頰乾的肌膚很
建議使用化妝棉濕敷加強臉部保水度，在冬天早上
洗完臉要上妝前我都會使用這款化妝水濕敷在臉上
後再上妝，容易脫皮的部位會有明顯的改善喔！

蘭芝 BB 舒芙蕾水凝霜 SPF50+ PA+++

Apple 真心推薦：

這款水凝霜我試在三位不同膚質的女孩身上。

A 女孩—中性膚質（表面看來細膩光滑，水嫩富有彈性），BB 舒芙蕾水凝霜用了一元大小的量上全臉，妝感透亮持久度非常好。

B 女孩—油性膚質（使用人是小蘋果本人，本身會長粉刺，臉上有小痘疤，T 字容易出油），我會用 BB 舒芙蕾水凝霜內附贈的粉撲用拍彈的方式上妝，比較服貼外，底妝也不會越上越厚。出油後也不影響，底妝反而更服貼，還有自然的透光感，讓我愛不釋手。

C 女孩—乾性膚質（膚乾燥、缺水，易敏感），有脫皮的困擾，這款水凝霜保濕量足夠，在乾性膚質的臉上很容易推開，敏感肌也很適合。

很推薦給台灣常見的這三種膚質的女孩使用。

蘭芝 雪紡絢彩唇膏

Apple 真心推薦：

我挑選唇妝產品時，對於唇膏的保濕度和顯色度非常講究，韓系彩妝—蘭芝的唇膏是我最喜歡的品牌之一，尤其是這款唇膏，不僅顏色很持久卻又不沉澱，含有親膚性的胺基酸可以保護雙唇遠離水分流失，水潤保濕，使嘴唇整天都性感誘人。

蘭芝 水柔光持色粉餅

Apple 真心推薦：

通常最怕就是上了粉餅後會感覺到有粉感，或者是下午就浮粉很嚴重。但這款打造水柔感的絲絨質地讓妳使用後感覺有遮瑕效果，粉體非常細緻，就算經過一段時間後也不會感覺到臉部嚴重出油、泛黃。此外持色度也很足夠，喜歡輕薄透又持久妝容的女孩可以體驗看看。

蘭芝 華麗劇場睫毛膏（黑色）

Apple 真心推薦：

第一次使用華麗劇場睫毛膏說真的我滿驚豔的，一般濃密睫毛膏多多少少都會有結塊的問題產生，但當我拿這支睫毛膏刷在學生、客人的睫毛上時，除了濃密感之外還根根分明，一點結塊都沒有。一整天下來也不暈染，延伸效果很好，使用過的她們都紛紛跑去購買，真是太好用了！

too cool for school
有機巧克力磚摩洛哥礦物泥

Apple 真心推薦：

好用又好玩的面膜，內容物是一塊狀的巧克力磚，可以取出 5～8 塊然後混水比例是 1：2 均於攪和後敷在臉上，這款強調有機面膜因此對皮膚是完全低刺激，所以很適合敏感肌膚使用。

Too cool for school
蘋果臉頰蝴蝶面膜

Apple 真心推薦：

這款面膜可以完全的服貼在你的臉上，加強蘋果肌、鼻翼、法令紋處的美白和緊緻毛孔，面膜裡的精華液可以很快速的在臉上吸收，不會有黏稠感，使用完後會明顯感到肌膚透淨。這款面膜是我在出國工作時急救我的皮膚最好幫手。

too cool for school
雞蛋慕絲面膜

Apple 真心推薦：

「打造蛋殼肌潔膚幕斯」這麼棒的標題怎麼能不心動，一開始是抱著嘗試的心態，但使用之後回購率超高，讓我無法淘汰它。泡泡非常非常的綿密很細，可以更深入毛孔，洗完真的有滑嫩感。

too cool for school
天使護手霜

Apple 真心推薦：

天使護手霜也是相當有口碑的商品，厲害的地方就在於它雖然滋潤，擦上手上的觸感卻非常舒服，一點都不會油膩，擦完感覺手馬上就吸收進去，變得好摸許多，但又不會有層膜悶著的感覺。現在電腦族就非常適合，擦完也可以馬上繼續打字，不用怕弄髒鍵盤。

給小蘋果的感謝與支持

Lita：
很開心可以上小蘋
果老師的彩妝課，很喜歡小蘋果教的
妝，終於找到屬於我自己的妝容，把我的
優點都突顯出來，之前常常不知道該怎麼
下手，上完課學到的真的很多，其實彩妝並
沒有想像中復雜，下課後也常常私底下問
小蘋果關於彩妝的問題，她也不厭其煩
的為我解答，真的很謝謝小蘋果老
師！

Haci：
第一次看到小蘋果老師
的素人大改造，整個就覺得化妝
技術也太厲害了！韓系的妝容，底妝
清透光亮又服貼！讓我立馬就決定要報
名上課！老師很細心針對我想要的妝容，
一個一個步驟仔細講解，然後馬上驗收！
簡單明瞭~妝又持久透亮！很開心能跟
小蘋果學習變漂亮的技巧！超級期
待新書上市！能讓更多女孩兒
一起變漂亮。

GiGi：
平常就喜歡研究流行的
彩妝，有一次有個活動就去找
了小蘋果老師，在化妝時小蘋果
很細心，在過程中也不忘告知我需
要改善哪邊加強哪邊，邊畫邊教學讓
我修正平常疏忽的小地方，也把現
在流行的韓系髮型上身了，只能
說滿意極了！

Renee：
因為部落客推薦關係而認識了
小蘋果，看著她每個畫出來的不管是
新娘妝或是網拍麻豆，都畫得恰到好，不會
過於花俏或濃妝，淡淡地、素雅卻不會沒精神。
平常手拙的要命的我，去報名了小蘋果的彩妝班，
她會很細心的從底妝前的如何保養開始上起，一邊教
的過程一邊看你的動作哪裡可以改進，一步一步地教你
整個裝容，她還會傳授個人經驗，如何讓妝更完美，
也會推薦好用的產品；更好的是，她並非拿較平價
的化妝品讓學生練習，她平常用什麼我們就用什
麼練習，都是各大化妝品牌，我覺得這點很
棒！不僅細心教學，是真心的想要每
個女孩兒都能美美的。

Kay：
一開始在網路上看過小蘋果
的作品，便與她接洽，從婚禮前
小蘋果就耐心的與我溝通，幫我按
照禮服的感覺給我適當的建議，也非
常專業的呈現我心中自然很透亮的
妝容，不會主觀或強勢地按照自
己的意見造型，是相當愉快
且舒服的經驗。

雅涵：
每個女生都很期待拍婚紗結婚時
的裝扮，雖然已過了夢幻的年紀，但
多少還是在意這件事。很幸運的朋友推薦
Apple 給我，但因為我都不在台灣無法提前
溝通，婚禮當天僅以 10 分鐘的時間溝通，真
的懷疑她的巧手是不是有魔法，怎麼把我妝
扮的這麼美麗，一共換了 4 套衣服，妝髮
風格都不一，有優雅、質感、個性、甜
美皆到位，真的太佩服了！

Effie：
在找新秘時看到藝人孟
耿如的推薦所以找到小蘋果，
討論照型的過程當中都很有耐心可
以自己找尋想要的髮型、妝感並適當的
給與意見。我喜歡小蘋果的妝感，輕薄
自然。婚禮當天還搭配親手做的髮圈和
手圈送給新人是個很用心的新秘也是
很可愛的一個女孩，真心推薦給
大家喔！

Minnie：
「溫柔又有個性」是我對
小蘋果妝容的感覺，太害怕過
於甜美感的我特地請她幫我畫
婚紗外拍妝，妝容清透無瑕，
眼神自然明確，完全抓住了
我想要的感覺。

Yiling：
結婚當天小蘋果梳化很細
心也很親切，從打底到完妝每
個手法都很溫柔，妝感自然而不
厚重！讓我當了一天美美的新娘
子，老公說像是仙女下凡，
好感謝小蘋果！

李小倫：
工作認真、服務態度好、一心單
純只想把當日最美的新娘子打扮的最美
麗，事先也會與新娘子討論想要的妝髮與飾
品感覺，尤其飾品，小蘋果更可以為新娘子
想要的樣式量身打造！在今年 7 月底訂婚，小
蘋果讓我成為最美的新娘子，打造出我想要的
風格讓我在親朋好友面前更加耀眼，紛紛詢
問我的新秘，並推薦給他們，我仍然繼
續與小蘋果合作，更期待結婚會有
更不一樣的妝髮風格。

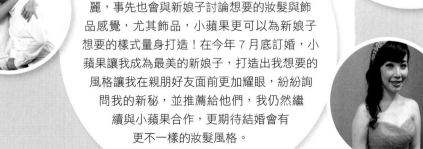

too cool for school

LONDON · NEW YORK

DINO
PLATZ
tcFs

「too cool for school」為國際連鎖彩妝品牌，於全
各地擁有許多銷售據點。品牌形象體現原創的
有實驗精神、富有藝術鑑賞力的靈敏感受
鮮明的，以及桀驁不屈。

「too cool for school」將『school』
義為『a group of school』，意謂擁有
特品味，想要展現自我風格的族群。為
打造不同於傳統彩妝的品牌形象，too
cool for school更邀請倫敦知名插畫家
Anke Weckman，設計多款個性鮮明且貼近
生活的角色，分別為Sienna、Emma、Joey以
人性化的貓咪Max，每個角色均擁有屬於自己的背景
故事，大大提升品牌趣味性及認同感。

恐龍眼線膠筆 7色
DinoPlatz Highline

共有7色，除了黑色其他皆有珠光。
30秒內可暈開當眼影，待其乾後為超
防水眼線。內含杏籽油和維生素E可
保護眼周圍的皮膚，並針對長時間化
妝給予滋潤，在貼近睫毛的根部位置
按照眼型輕輕畫上眼線即可。

美術課彩色蠟筆唇筆
Artclass Lip Crayon

胖胖蠟筆唇膏正夯！好顯色、好滋潤、
好粉嫩，有三種基本的顏色，滑潤質感
同時填充唇紋，令雙唇更細滑。

天使親親腮紅
Play Cheek Angel Blusher

鏡子、腮紅、粉撲一罐OK
使用古代兵馬俑烘烤方式製成霧狀
粉末3D化妝品。納米水磷脂製成具
有保濕功效使皮膚和粉末加強密合
度及持久性。

DINOPLATZ

too cool for scho

總代理 鑫囍國際股份有限公

LITTLE APPLE
小蘋果造型工作室

地址：(106) 台北市大安區敦化南路一段 160 巷 16 號
mail：littleapplemakeup@gmail.com
Line：littleapple8

修眉

妳是手殘女嗎？妳想知道該如
何修整眉毛嗎？
想要擁有一對明亮整齊的眉毛
不再是難事，由彩妝師小蘋果
親自為妳量身打造，修整出一
對適合自己臉型輪廓的眉型。

一對一基礎彩妝課程

看完了書中詳盡的彩妝步驟後應該很
想立馬跑去找小蘋果上課吧！
由小蘋果本人親自一對一教學，
讓妳畫出最適合自己的亮眼妝容。
心動不如馬上行動，事不宜遲，
趕快預約報名吧！

憑此券
至 Little Apple 小蘋果造型工作室 可享有

免費「修眉」乙次優惠

（詳情參閱背面）

地址：(106) 台北市大安區敦化南路一段 160 巷 16 號
《韓系彩妝，輕鬆變成韓劇女主角》四塊玉文創 出版

憑此券
至 Little Apple 小蘋果造型工作室
報名「一對一基礎彩妝課程」
（課程原價 3200 元）

可享折抵 200 元優惠

（詳情參閱背面）

地址：(106) 台北市大安區敦化南路一段 160 巷 16 號
《韓系彩妝，輕鬆變成韓劇女主角》四塊玉文創 出版

韓系彩妝

輕鬆變成韓劇女主角

SAN YAU
http://www.ju-zi.com.tw

三友圖書
友直 友諒 友多聞

國家圖書館出版預行編目資料

韓系彩妝，輕鬆變成韓劇女主角 / 林采恩作.
-- 初版 .-- 臺北市：四塊玉文創，2013.12
面；　公分
ISBN 978-986-90082-6-6(平裝)

1. 化粧術

425.4　　　　　　　　102024125

| 作　　　者 | 林采恩 |
| 攝　　　影 | 楊志雄 |

發　行　人	程顯灝
總　編　輯	呂增娣
主　　　編	李瓊絲、鍾若琦
執 行 編 輯	吳孟蓉
編　　　輯	許雅眉
編　　　輯	程郁庭
美 術 主 編	潘大智
美 術 設 計	劉旻旻
行 銷 企 劃	謝儀方
出　版　者	四塊玉文創有限公司
總　代　理	三友圖書有限公司
地　　　址	106 台北市安和路 2 段 213 號 4 樓
電　　　話	(02) 2377-4155
傳　　　真	(02) 2377-4355
E － mail	service@sanyau.com.tw
郵 政 劃 撥	05844889 三友圖書有限公司

總　經　銷	大和書報圖書股份有限公司
地　　　址	新北市新莊區五工五路 2 號
電　　　話	(02) 8990-2588
傳　　　真	(02) 2299-7900

初　　　版	2013 年 12 月
定　　　價	新臺幣 320 元
I S B N	978-986-90082-6-6 （平裝）

優惠券注意事項：
僅接受提前預約，預約請洽
mail：littleapplemakeup@gmail.com
Line：littleapple8

業者保有權更改本券使用款項及規定，恕不另行通知
使用期限：至 103 年 12 月 31 日止
《韓系彩妝，輕鬆變成韓劇女主角》四塊玉文創 出版

兌換券注意事項：
僅接受提前預約，預約請洽
mail：littleapplemakeup@gmail.com
Line：littleapple8

業者保有權更改本券使用款項及規定，恕不另行通知
使用期限：至 103 年 12 月 31 日止
《韓系彩妝，輕鬆變成韓劇女主角》四塊玉文創 出版